BEI GRIN MACHT SICH IHR WISSEN BEZAHLT

- Wir veröffentlichen Ihre Hausarbeit, Bachelor- und Masterarbeit

- Ihr eigenes eBook und Buch - weltweit in allen wichtigen Shops

- Verdienen Sie an jedem Verkauf

Jetzt bei www.GRIN.com hochladen und kostenlos publizieren

Lena Maritsch

Essentielle Fettsäuren und ihre Rolle in der Entwicklung von Demenzerkrankungen

GRIN Verlag

Impressum:

Copyright © 2013 GRIN Verlag GmbH
Druck und Bindung: Books on Demand GmbH, Norderstedt Germany
ISBN: 978-3-656-65318-9

Dieses Buch bei GRIN:

http://www.grin.com/de/e-book/272714/essentielle-fettsaeuren-und-ihre-rolle-in-
der-entwicklung-von-demenzerkrankungen

Bachelorarbeit

Über die Rolle von essentiellen Fettsäuren in der Entwicklung von Demenzerkrankungen

Von Lena Maritsch

Department für Ernährungswissenschaften

Wien, 2013

Inhaltsverzeichnis

Abbildungsverzeichnis

1.) Einleitung

Die folgende Arbeit beschäftigt sich mit der Frage, welchen Einfluss mehrfach ungesättigte Fettsäuren, besonders essentielle Fettsäuren wie die ω-3 Fettsäuren, auf die Entstehung und Entwicklung von Demenzerkrankungen haben. Um sich auf Studienergebnisse aktuelleren Datums zu beziehen, wurde die Suche auf Publikationen der letzten Jahre beschränkt.

Demenzen sind degenerative Erkrankungen mit Symptomen wie Störungen des Antriebes, des Lernens, des Gedächtnisses, des Denkens, des Auffassungs- und Konzentrationsvermögens, der Orientierung und des sozialen Verhaltens sowie Persönlichkeitsveränderungen. Mit zunehmendem Alter steigt die Häufigkeit für diese Erkrankungen deutlich an [Thews et al., 1999].
Man unterscheidet verschiedene Formen:

- *Morbus Alzheimer*

    Ist die häufigste Ursache von Demenz. 50% aller Demenzerkrankungen zählen zu dieser Form. Als histologisches Bild zeigen sich dabei intrazelluläre Faserbündel, die hyperphosphorylierte Neurofilamentproteine, so genannte Tau Proteine, enthalten. Extrazellulär bilden sich Plaques und Fibrillen, die aus einem bestimmten Amyloid, dem β-A4-Amyloid, bestehen. Weiters kommt es zum Untergang von Nervenzellen, vor allem von cholinergen Neuronen.

- *Vaskuläre Demenzen*

    Diese machen 20% aus und werden durch eine gestörte Hirndurchblutung verursacht. Sie resultiert aus mehreren kleinen Hirninfarkten infolge arteriosklerotischer Veränderungen von Hirngefäßen.

- *Mischformen beider Typen*

  Zu dieser Form zählt man 20% der Fälle.

- *Demenzen bei neurodegenerativen Erkrankungen, wie z.B. Morbus Parkinson*

- *(Sekundäre) Demenzen* nach/bei Infektionen, Hirntraumen, Hirntumoren oder chronischer Einnahme von toxischen Substanzen (Alkoholabusus) [Thews et al., 1999].

Da mit zunehmendem Alter die Häufigkeit und damit die Wahrscheinlichkeit für Demenzerkrankungen steigt, sind diese auch vorwiegend in Populationen zu finden, in denen die Lebenserwartung hoch ist, wie z.B. in Nordamerika und Westeuropa. Die Zahl der Erkrankten wird zusätzlich weiter steigen, weil die Lebenserwartung auch in Entwicklungs- und Schwellenländern zunehmen wird. Der erwartete Anstieg und die Tatsache, dass Menschen mit fortschreitender Demenz immer weniger in der Lage sind, sich um sich selbst zu kümmern und eine Belastung für das Gesundheitssystem und die Gesellschaft darstellen, forschen Wissenschaftler nach Methoden der Prävention [Reitz et al., 2011].

Die WHO schätzt, dass weltweit 35,6 Millionen Menschen an Demenz leiden und dass jährlich 7,7 Millionen Neuerkrankungen erfolgen [http://www.who.int/mediacentre/factsheets/fs362/en/].

Die ursächlichen Mechanismen, die Morbus Alzheimer zugrunde liegen, sind bis heute nicht geklärt. Vermutet werden eine Interaktion zwischen a) genetischen Faktoren und b) Lebensstilfaktoren.

Ad a) Genomweite Assoziationsstudien konnten einige Gene identifizieren, die im Zusammenhang mit den für Alzheimer typischen Ablagerungen von β-A4-Amyloid und der Tau Proteine stehen. Die sichere Diagnose anhand assoziierter Gene ist aber fraglich. Als einzige etablierte Prädisposition für die spät beginnende Alzheimer Erkrankung wird das Gen, welches für das Apolipoprotein E codiert, genannt [Reitz et al., 2011]. Dieses Transportprotein für Lipide zeigt einen Polymorphismus und kann in drei verschiedenen Formen exprimiert werden, je nachdem, welche Form in den Genen codiert ist. Man unterscheidet APOε2, APOε3 und APOε4, wobei das Vorhandensein der zuletzt genannten Form das Risiko für Morbus Alzheimer verdoppelt [Bennett et al., 2003].

Apolipoprotein E bindet an Chylomikronen und ist notwendig, um Triglyceride über LDL Rezeptoren in die Zellen zu schleusen. Exprimiert wird das Lipoprotein und seine Rezeptoren in der Leber und auch im Gehirn [Löffler et al., 2007]. Das Gehirn stellt die lipidreichste Struktur des menschlichen Körpers dar und Studien dessen Fettstoffwechsels zeigen, dass der Anteil an Phospholipiden und Sphingolipiden schon im beginnenden Stadium von Morbus Alzheimer vermindert ist [Wood, 2012]. Eine besondere Rolle spielt dabei die essentielle Fettsäure Docosahexaensäure (DHA), welche im Gehirn und in der Retina in höheren Konzentrationen als in anderen Körpergeweben zu finden ist. Sie ist Bestandteil der Membranlipide von Nervenzellen und notwendig für einen funktionierenden Ionentransport, Signaltransduktion, Synapsenbildung sowie für die Ausschüttung und Wiederaufnahmen von Neurotransmittern [Dangour et al., 2012] [Uauy und Dangour, 2006].

Ad b) Es wurde beobachtet, dass der Verzehr von ω-3 Fettsäuren aus Fischen das kardiovaskuläre Risiko senkt, da sie membranstabilisierende Effekte auf Herzmuskelzellen und auch auf Plaques stabilisierende Effekte zeigen [Leaf et al., 2003] [Thies et al., 2003].

Diese Arbeit beschäftigt sich mit der Frage, inwieweit die mit der Nahrung aufgenommenen essentiellen Fettsäuren die Entwicklung von Demenzen beeinflussen.

2.) Methodik bzw. Literatursuche

Am 5.6.2013 wurde in Pubmed nach den Begriffen "fatty acid" und "dementia" in Titel/Abstract gesucht. Eingeschränkt wurde die Suche auf Publikationen ab dem 1.1.2011 und auf Reviews in englischer Sprache. Daraus ergaben sich 6 Treffer von denen 3 frei zugänglich waren:

- *Morris, 2012*

- *Siegel und Ermilov, 2012*

- *Schaefer et al., 2006*

Von zwei Texten stand nur der Abstrakt zur Verfügung:

- *Lin et al., 2012*

- *Sydenham et al., 2012*

Eine Studie wurde ausgeschlossen, da sie sich nicht mit der untersuchten Fragestellung beschäftigt:

- *Kliem und Givens, 2011*

Die Suche in Scopus am 8.6.2013 nach den Begriffen "fatty acid" und "dementia" in Titel/Abstract/Keywords wurde auf Publikationen ab 2011 und Reviews eingeschränkt. Diese Recherche ergab 79 Treffer, von denen 15 ausgewählt wurden. Davon waren 4 nicht vollständig zugänglich, sondern auf den Abstract beschränkt:

- *Barberger-Gateau et al., 2013*

- *Sukhanov, 2012*

- *Lin et al., 2012*

- *Lizard et al., 2012*

Elf waren frei zugänglich:

- *Cardoso et al., 2013*
- *Denis et al., 2013*
- *Loef und Walach, 2013*
- *Luchtman und Song, 2013*
- *Mazereeuw et al., 2012*
- *Dangour et al., 2012*
- *van de Rest et al., 2012*
- *Wood, 2012*
- *Papazafiropoulou et al., 2012*
- *Frisardi et al., 2011*
- *Corsinovi et al., 2011*

Aussortiert wurden 64 Artikel, welche sich nicht mit der gesuchten Fragestellung beschäftigten, nicht in englischer Sprache verfasst wurden oder sich nicht auf Humanstudien bezogen.

In Science Direct wurde am 8.6.2013 nach den Begriffen "fatty acid" und "dementia" in Title/Abstract/Keywords in Publikationen ab 2011 gesucht. Die Recherche ergab 25 Treffer, von denen 9 ausgewählt wurden, die alle frei zugänglich waren:
- *Milte et al., 2011*
- *Luchtman und Song, 2013*
- *Siegel und Ermilov, 2012*
- *Geleijnse et al., 2012*
- *Stough et al., 2012*
- *Mazereeuw et al., 2012*
- *Denis et al., 2013*
- *Astarita und Piomelli, 2011*
- *Frisardi et al., 2011*

Die restlichen 14 Arbeiten wurden nicht berücksichtigt, da sie nicht in Englisch

verfasst sind bzw. sich nicht mit der gesuchten Fragestellung beschäftigen.
Tierstudien wurden ebenfalls nicht bearbeitet.

In der Einleitung der Arbeit wurden aus dem Review **Siegel G, Ermilov E, 2012**
folgende Arbeiten mit einbezogen: **Leaf A et al.,2003; Thies F et al.,2003.** Aus der
Publikation von **Dangour AD et al., 2012** wurde Material von **Uauy R, Dangour AD,
2006** übernommen. Die Arbeit **Bennett DA et al., 2003** stammt aus der Arbeit von
Morris MC, 2012. Statistische epidemiologische Daten wurden von der Homepage
der WHO übernommen und aus der Arbeit *Epidemiology of Alzheimer disease.*
Zweimal wird Information aus folgenden Lehrbüchern zitiert: **Löffler et al., 2007**
und **Thews et al., 1999.**

In Kapitel 3.1.) wurde aus der Arbeit von **Luchtman DW, Song C, 2013** folgende
themenrelevante Arbeit zitiert: **Calder PC, 2011.** Aus der Arbeit von **Cunnane SC et
al., 2009** wurden folgende Arbeiten zitiert: **Yaffe K, 2007; Floyd RA et al., 2002;
Lagarde M, 2008.** Aus der Arbeit **Siegel G, Ermilov E, 2012** wurden Information von
Layé S, 2010; Leaf A et al.,2003 und Thies F et al.,2003 übernommen.

In Kapitel 3.2.) wurde aus **Loef M, Walach H, 2013** folgendes zitiert: **Dubois RN et al.,
1998; Schmitz G, Ecker J, 2008; Sanders TA, 2000; Loef M, Walach H, 2012; Igarashi
M et al., 2011; Brooksbank BW, Martinez M, 1989; Meyer BJ et al., 2003;
Drewnowski A, Popkin BM, 1997.**

In 3.3.) wurden Ergebnisse folgende Studien der Metaanalyse aus **Mazereeuw G et
al., 2012** verwendet: **Dangour AD et al., 2010; Johnson EJ et al., 2008; Kotani S et al.,
2006; Sinn N et al., 2011; Vakhapova V et al., 2010; van de Rest O et al., 2008; Yurko-
Mauro K et al., 2010.**

In Kapitel 3.4.) wurde aus **Cunnane SC et al. 2009** zitiert: **Schaefer EJ et al, 2006;
Barberger-Gateau et al., 2007; Huang TL et al., 2005; Barberger-Gateau P et al.,
2005; Scarmeas N et al., 2006; Tremblay F et al., 2007; Xu W et al., 2009.** Aus **Morris,
2012** wurde **Huang et al., 2005** zitiert.

In 3.5.) wurde aus dem Artikel **Astarita G, Piomelli D, 2011** zitiert und zwar folgende Arbeiten: **Rapoport S et al., 2007; Brenna JT, 2002; Umhau JC, 2009; Burdge GC, Wootton SA, 2002.**

3) Ergebnisse

3. 1.) Wirkungen von Omega-3-Fettsäuren

Omega-3-Fettsäuren sind essentiell für den menschlichen Körper und entfalten eine ganze Reihe von positiven Effekten, welche dem Demenzrisiko entgegenwirken könnten.

Über die Nahrung aufgenommen, gelangen Omega-3 Fettsäuren über das Blut in den Körper und werden dann im Gewebe, u.a. im Gehirn, mittels Acyl-CoA Synthetase in Acyl-CoAs umgewandelt. In dieser Form können sie dann in Glycerophospholipiden verestert werden. Sie stellen somit einen wichtigen Bestandteil von Zellmembranen dar. Sie beeinflussen die Struktur und Funktion der Membranen und auch der in ihr eingelagerten Proteine, welche als Rezeptoren, Verbindungskanäle oder Signal übertragende Proteine fungieren [Calder, 2011]. Die Lipid Bilayer der Zellen bewegt sich in ihrer Konsistenz zwischen gel- und flüssigem Zustand, welche als Fluidität bezeichnet wird. Eine optimale Fluidität ist von physiologischer Wichtigkeit und wird stark durch das Fettsäuremuster beeinflusst [Luchtman und Song, 2013] [Frisardi et al., 2011].

Zusätzlich wirken Omega-3 Fettsäuren als direkte Liganden auf Transkriptionsfaktoren von Genen, welche eine Rolle in einer großen Bandbreite von Prozessen spielen. Zu diesen gehören der Fettsäuremetabolismus, Neurogenese und Synaptogenese, Zelldifferenzierung, Entzündung und oxidativer Stress [Calder, 2011].

Das Immunsystem des Gehirns besteht aus Astrozyten und Mikrogliazellen, welche die Nerven vor schädlichen Einflüssen schützen. Mehrfach ungesättigte Fettsäuren sind essentielle Bestandteile von Nerven- und Gliazellmembranen. Sie regulieren

sowohl die Prostaglandine als auch die pro-inflammatorische Zytokin-Produktion.
Omega-3 Fettsäuren wirken Entzündungen entgegen. Omega-6 Fettsäuren
hingegen sind Ausgangsstoffe für entzündungsfördernden Prostaglandine. Werden
Gliazellen aktiviert, kommt es zur Produktion dieser Substanzen und dadurch zur so
genannten Neuroinflammation. Als Konsequenz dieser Immunantwort treten
Veränderungen der Wahrnehmung, der Stimmung und des Verhaltens auf.
Zusätzlich spielen pro-inflammatorische Zytokine eine Schlüsselrolle bei
Depressionen und neurodegenerativen Erkrankungen. Auch ein Mangel bzw. eine
Imbalance zwischen Omega-3 und Omega-6 Fettsäuren innerhalb der
Nervenzellmembranen macht diese verletzlicher und kann bis zur
Neurodegeneration und zum Zelltod führen [Layé , 2010].

In Bezug auf das kardiovaskuläre System haben Omega-3 Fettsäuren auch
schützende Effekte. Erhöhte Triglyceride im Plasma, welche in Kombination mit
erhöhten Entzündungsmediatoren Risikofaktoren für Demenzen vor allem des
vaskulären Typs darstellen, können durch Omega-3 Fettsäuren gesenkt werden
[Yaffe, 2007] [Papazafiropoulou et al., 2012].
Des Weiteren ist nachgewiesen, dass sie die Membranen von Herzmuskelzellen
stabilisieren sowie die arteriosklerotische Plaquesbildung in ihrem Verlauf aufhalten
[Siegel und Ermilov, 2012] [Leaf et al., 2003] [Thies et al., 2003].

Oxidativer Stress kann als Folge Zellschädigung oder sogar Apoptose auslösen. Das
Gehirn ist besonders empfindlich gegenüber solchen Einflüssen. Grund dafür ist
sein hoher Gehalt an leicht oxidierbaren langkettigen mehrfach ungesättigten
Fettsäuren, vor allem DHA und Arachidonsäure.
Der Hauptbrennstoff des Gehirns ist Glucose. Diese wird in den Mitochondrien
verstoffwechselt, wodurch freie Radikale entstehen. Mit dem Alter nimmt die Kraft
des Körpers, sich gegen oxidativen Stress zu schützen, ab [Floyd und Hensley,
2002]. DHA in niedrigen Dosen schützt vor oxidativem Stress. Zu hohe Dosen
hingegen sind problematisch, da sie die Lipidperoxidation fördern. Genaue

Mengenangaben werden nicht gemacht. Die Rede ist von ein paar 100 mg/Tag [Lagarde, 2008].

Im Rahmen der Alzheimer Erkrankung sind extrazelluläre Ablagerungen von Amyloid β Peptiden (A β) in Form von Plaques und intrazellulär die Bildung von hyperphosphoryliertem Tau Protein zu beobachten. A β ist ein Abbauprodukt des transmembranen Amyloid Precursor Proteins (APP) durch eine Reihe von Proteasen, namens α-, β-, und γ-Sekretase. Dieser Abbauvorgang wird eingeteilt in einen nicht-amyloidogenen Pfad und einen amyloidogenen Pfad (siehe Abb. 1). Die Synthese von A β ist abhängig von der Aktivität der β-Sekretase im Zuge des amyloidogenen Abbauweges. Die α-Sekretase ist ein Glied des nicht amyloidogenen Pfades. Festgestellt wurde nun, dass die α-Sekretase aktiver ist innerhalb einer Zellmembran, welche cholesterolarm und reich an Omega-3 Fettsäuren ist. Die β-Sekretase Aktivität hingegen ist stärker in einer Membran, die cholesterolreich und arm an Omega-3 Fettsäuren ist. ApoE4 fördert die Bildung von A β durch Aktivierung der γ-Sekretase [Corsinovi et al., 2011].

Abb. 1. Abbauwege des Amyloid Precursor Proteins [Corsinovi et al., 2011]:

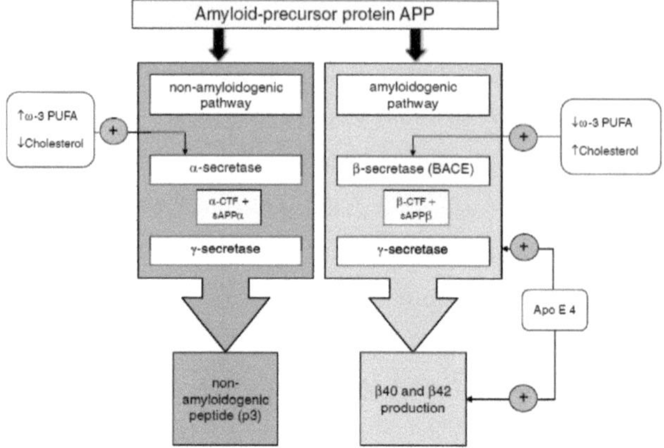

Figure 3. The non-amyloidogenic and amyloidogenic pathways of APP processing. The influence of dietary and genetic factors. The non-amyloidogenic pathway of APP is initiated by α-secretase, while in the amyloidogenic pathway APP is cleaved by β-secretase. α-Secretase cleavage produces a soluble extracellular segment (sAPPα) and an intracellular fragment bound to the cell membrane, α-CTF. β-Secretase cleaves APP into an sAPPβ and β-CTF. Subsequently, α-CTF and β-CTF are cleaved by another secretase, namely, γ-secretase: the product of α-CTF degradation is a non-amyloidogenic peptide (p3), while Aβ40 or Aβ42 are produced by β-CTF cleavage. Consequently, Aβ42 is capable of forming aggregates that might generate senile plaques. α-Secretase is the more active of the two enzymes in the low-cholesterol, high-PUFA content cell membranes (left panel). Conversely, β-secretase activity is more pronounced in cells having a high content of cholesterol and a low PUFA content (in particular ω-3) in their membranes. An adequate cholesterol/PUFA ratio might be a possible therapeutic approach (right panel). ApoE4 promotes the formation of amyloid fibers, both activating γ-secretase and increasing β40 and β42 production.

Aufgrund dieser Ergebnisse wird vermutet, dass ein angemessenes Verhältnis von Cholesterol zu Omega-3 Fettsäuren und ein optimales Verhältnis von ω-3/ω-6 Fettsäuren innerhalb der Zellmembranen präventiv gegen Morbus Alzheimer wirken kann. Da die Aufnahme dieser Stoffe über die Nahrung nicht den optimalen Verhältnissen entspricht, wird vermutet, dass die Zusammensetzung der Zellmembranen über die Ernährung modifizierbar ist [Corsinovi et al., 2011].

3. 2.) Einfluss des Verhältnisses ω-6/ω-3 Fettsäuren

Die Verstoffwechselung von Omega-3 Fettsäuren wird beeinflusst durch die Aufnahme von Omega-6 Fettsäuren. Die Omega-3 Fettsäuren sind Basiselemente für die Synthese von Leukotrienen, Omega-6 Fettsäuren für die der Prostaglandine. Beide konkurrieren bei diesen unterschiedlichen Synthesevorgängen um dieselben daran beteiligten Enzyme, nämlich um Cyclooxigenase, 5-Lipoxygenase, Elongase, Delta-5-desaturase und Delte-6-desaturase [Dubois et al., 1998]] [Schmitz und Ecker, 2008].

Aufgrund dieser Tatsache wird angenommen, dass das Verhältnis, in dem ω-6 und ω-3 Fettsäuren aufgenommen werden, ein aussagekräftigerer Faktor ist, als die absolute Aufnahme von einer Art, weil die gegenseitige Wechselwirkung der beiden Fettsäuretypen berücksichtigt wird. Beispielsweise könnte eine zu hohe Aufnahme von Omega-3 mit einer höheren Aufnahme von Omega-6 bzw. eine zu niedrige Omega-3 Aufnahme mit niedrigeren Omega-6 Zufuhren ausgeglichen werden. Die positiven Effekte könnten daraus resultieren, dass das Verhältnis in Balance gebracht würde [Loef und Walach, 2013] [Denis et al., 2013].

Mögliche Ursachen für ein Ungleichgewicht sind unter anderem Veränderungen der Ernährungsgewohnheiten. Zu Beginn der Entwicklung der Menschheit wird das Verhältnis ω-6/ω-3 auf 1:1 vermutet, während in unserer heutigen westlichen Gesellschaft das Verhältnis bei durchschnittlich 15:1 bis 25:1 liegt. Empfohlen wird ein 5:1 Ratio. [Sanders, 2000]

Omega-6 Fettsäuren sind vor allem in den meisten pflanzlichen Ölen sowie in Fleisch und tierischen Produkten von Tieren, die nicht in freier Wildbahn leben, enthalten. Der weltweit steigende Konsum von tierischen Produkten aus Tierhaltung ist auch für eine Zunahme des Konsums von Omega-6 Fettsäuren und somit für das gestiegene Ungleichgewicht verantwortlich [Drewnowski und Popkin, 1997]. Quellen von Omega-3 Fettsäuren sind Leinsamen bzw. Leinöl, Walnüsse bzw. Walnussöl, Rapsöl, Vollkorngetreide, Fisch, Meeresfrüchte, Algen bzw. Algenöl, sowie Milch, Milchprodukte und Eier von Tieren, die Omega-3 reiche Nahrung erhielten [Meyer, 2003].

Der Review von Loef M. und Walach H. fasst die Ergebnisse von 7 prospektiven Studien, 3 Querschnittstudien, einer kontrollierten Studie und von 3 randomisierten kontrollierten Studien zusammen, welche das Omega-3/Omega-6 Verhältnis mit Demenzen oder kognitiven Beeinträchtigungen assoziieren [Loef und Walach, 2013].

Die prospektiven Studien untersuchten einerseits die Aufnahme von ω-3 und ω-6 Fettsäuren mittels Fragebögen und andererseits das Verhältnis der beiden Fettsäuren im Blutplasma. Alle Studien unterstützen die Theorie, dass ein zunehmendes Ungleichgewicht mit einem erhöhten Risiko für Demenz und kognitive Beeinträchtigung in Verbindung steht [Loef und Walach, 2013]. Zwei der Querschnittstudien untersuchten Plasma-Werte und stellten beide signifikant verringerte ω-3/ω-6 Verhältnisse, dh. größere Ungleichgewichte bei Personen mit Alzheimer, kognitiver Beeinträchtigung und Demenzen allgemein fest. Die dritte Studie dieser Art verwendete Fragebögen und stellte ebenso ein signifikant erhöhtes Verhältnis von ω-6/ω-3 bei ProbandInnen fest, die schlechtere Ergebnisse beim Test ihrer kognitiven Leistung - getestet mittels Mini-Mental State Examination (MMSE) - erzielt hatten [Loef und Walach, 2013]. Die randomisierten Studien mit Supplementen fanden keine signifikanten Unterschiede im Vergleich zu einem Placebo. Einige der Studien verwendeten als Placebo pflanzliche Öle, die reich an Omega-6 Fettsäuren sind, was natürlich einen Einfluss auf das Verhältnis hat. Trotzdem konnten nur sehr geringe bis keine Unterschiede festgestellt werden (siehe auch: Omega-3-Fettsäuren Supplemente) [Loef und Walach, 2013].

Zwei Autopsiestudien verglichen das ω-6/ω-3 Verhältnis post mortem in Gehirngewebe von Alzheimer PatientInnen mit dem von Gesunden, welche im gleichen Alter verstorben waren. Die eine Untersuchung an 6 Gehirnen von Alzheimer-Patienten und 6 Gesunden fand geringe und nicht signifikante Unterschiede im Verhältnis. Die andere Studie – die jeweils 10 Alzheimer und 10 gesunde Gehirne untersuchte - ergab, dass das ω-6/ω-3 Verhältnis der Cholesterylester des präfrontalen Cortex bei Alzheimer verringert war. Allerdings bezogen auf die Gesamtlipide, Phospholipide oder Triglyceride der Gehirne konnte

keine Veränderung festgestellt werden [Loef und Walach, 2013] [Brooksbank und
Martinez, 1989] [Igarashi et al., 2011].

Eine weitere Meta-Analyse bestätigte, dass ein verringerter Nahrungs- oder Plasma-
Level von ω-3 Fettsäuren und ein höheres ω-3/ω-6 Verhältnis in der Nahrung
assoziiert ist mit einem niedrigeren Risiko für Demenz und Alzheimer. Allerdings ist
diese Studie nicht frei zugänglich und lässt sich deswegen nicht detaillierter
beschreiben [Loef und Walach, 2012].

3. 3.) Omega-3-Fettsäuren-Supplemente

Zahlreiche randomisierte placebokontrollierte Studien untersuchten, ob Omega-3
Supplemente einen Einfluss auf Demenzerkrankungen, deren Entwicklung und/oder
leichte kognitive Beeinträchtigung haben.

Eine Studie mit 75 gesunden ProbandInnen, im Alter von 45 bis 80 Jahren, die über
einen Zeitraum von 90 Tagen entweder 1000 mg Tunfischöl (enthielt 252 mg DHA,
60 mg Eicosapentaensäure (EPA), 10 mg Vitamin E) oder einen Placebo aus 1000 mg
Sojaöl erhielten, ergab folgendes: Die DHA Gruppe zeigte nach der Intervention
signifikant höhere Plasma DHA und gesamt Omega-3 Werte als die Placebo Gruppe
und niedrigerer Omega-6 Werte. Die Tunfischöl-Gruppe zeigte signifikant bessere
Sehschärfe als die Placebo-Gruppe, was zeigt, dass DHA die Membran Funktion in
Linse und Retina verbesserte. In Bezug auf die kognitiven Funktionen wurden keine
Unterschiede gefunden. Möglicherweise war der Interventionszeitraum zu kurz und
die Dosis von DHA zu gering, um einen signifikanten Effekt zu erzielen. Ein weiterer
Kritikpunkt ist, dass keine Genotypisierung bezüglich APOε4 vorgenommen wurde
[Stough et al., 2012].

Eine größere randomisierte kontrollierte Studie, an der 2911 Herzinfarkt-
PatientInnen im Alter von 60 bis 80 Jahren teilnahmen, teste die Auswirkungen von
vier verschiedenen Margarinearten. Diese enthielten 400 mg/d EPA-DHA, 2 g/d ALA,
EPA-DHA und ALA oder einen Placebo. Die Studie dauerte 40 Monate. Es wurde zu
Beginn und nach der Intervention die kognitiven Funktionen mittels Mini-Mental
State Examination (MMSE) getestet. Die Ergebnisse zeigen keinen Effekt von
Omega-3 Fettsäuren auf die Abnahme globaler kognitiver Funktionen bei
Herzinfarkt PatientInnen. Es kann allerdings nicht ausgeschlossen werden, dass
Omega-3 Fettsäuren doch einen Einfluss auf den verbalen Sprachfluss oder auf das
Gedächtnis haben, da diese beiden Faktoren nicht vollständig durch den MMSE
getestet werden [Geleijnse et al., 2012].
Unklar bleibt bei dieser Studie, was genau die Placebomargarine enthielt. Weiters
wurde in dieser Studie das APOε4 Gen nicht untersucht und somit bei der
Auswertung nicht berücksichtigt.

Eine aktuelle Meta-Analyse von 10 randomisierten kontrollierten Studien über den
Einfluss von Omega-3 Fettsäuren auf die kognitiven Fähigkeiten ergab kleine aber
signifikante Verbesserungen des Kurzzeitgedächtnisses, der Aufmerksamkeit und
der Rechengeschwindigkeit bei ProbandInnen mit kognitiver Beeinträchtigung ohne
Demenz (Abb. 2). Bei Alzheimer oder Gesunden konnten diese Effekte nicht
beobachtet werden.

Abb. 2. Meta-Analyse Omega-3 Fettsäuren Supplemente [Mazereeuw et al., 2012]:

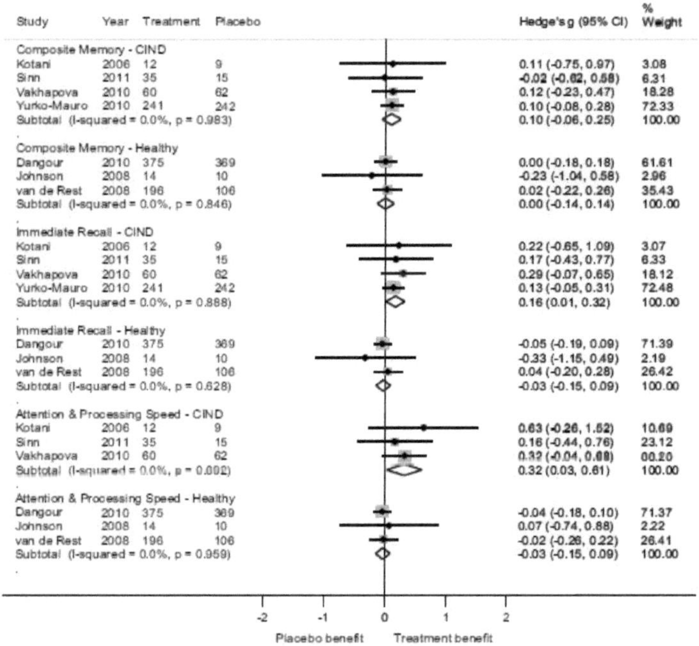

Fig. 1. The treatment effect of n-3 FAs on composite memory, immediate recall, and attention and processing speed across studies including healthy and CIND participants, separated by diagnosis. Effect sizes are calculated using Hedge's g and random effects meta-analysis, and positive values (x-axis) denote treatment benefit. Summary statistics: composite memory (CIND, $z = 1.25$, $p = 0.213$, N = 349/327; Healthy, $z = 0.00$, $p = 0.997$, N = 585/485), immediate recall (CIND, $z = 2.12$, $p = 0.034$, N = 349/327; Healthy, $z = 0.52$, $p = 0.600$, N = 585/485), attention and processing speed (CIND, $z = 2.13$, $p = 0.033$, N = 107/86; Healthy, $z = 0.52$, $p = 0.601$, N = 585/485). CI, confidence interval; Treatment, N (treatment arm of each study); Placebo, N (placebo arm of each study). For interpretation of the references to color in this figure legend, the reader is referred to the Web version of this article.

Die Ergebnisse lassen vermuten, dass mit Omega-3 Fettsäuren selektive Verbesserungen von speziellen neuropsychologischen Domänen von PatientInnen mit kognitiver Beeinträchtigung ohne Demenz erzielt werden können. Außer Acht gelassen wurde bei diesen Studien der APOε Genotyp und der Plasma DHA Spiegel zu Beginn der Interventionen. Die Ergebnisse zeigen, dass die Effekte von Omega-3 Fettsäuren nicht einheitlich sind und dass es wichtig ist herauszufinden, welche Populationen von Supplementen profitieren könnten [Mazereeuw G et al., 2012].

Ein weiterer Review über randomisierte kontrollierte Studien fasst den Effekt von Omega-3 Supplementen für Zeiträume über 6 Monate an Personen ab 60, welche zu

Beginn der Interventionen frei von Demenz und kognitiver Beeinträchtigung waren, folgendermaßen zusammen: Es konnte kein direkter Beweis für positive Effekte von Omega-3 Fettsäuren auf die Entwicklung von Demenz festgestellt werden. Allgemein wurden die Supplemente sehr gut von den ProbandInnen vertragen. Nebenwirkung waren lediglich leichte gastrointestinale Probleme. Die Autoren schließen nicht aus, dass längere Studien signifikante Verbesserungen zeigen könnten [Sydenham E et al., 2012].

Insgesamt gesehen zeigt die aktuelle Datenlage zu limitierte positive Ergebnisse, sodass es nicht möglich ist, abgesicherte Empfehlungen bezüglich Omega-3 Fettsäuren zu stellen [van de Rest et al., 2012].

3. 4.) Fischkonsum und Demenz

Studien zum Zusammenhang von Konsumation von Fischen und Demenzerkrankungen liefern eindeutigere Ergebnisse als jene, die sich nur mit Omega-3 Fettsäuren beschäftigen. Am meisten unterstützen prospektive epidemiologische Studien die positive Wirkung. Der Review von Cunnane SC, et al. 2009 stellt eine Zusammenfassung von 12 prospektiven Studien vor, von denen sich 10 mit dem Verzehr von Fisch beschäftigen [Cunnane et al., 2009]. Nur eine der 10 Studien, nämlich die Framingham Heart Studie, liefert keinen Zusammenhang zwischen Fischverzehr und Demenzen, allerdings wurde ein schützender Effekt vor Demenzen bei höherem Plasma DHA beschrieben [Schaefer et al., 2006]. Eine aktuelle Publikation der Framingham Heart Studie zum Thema Morbus Alzheimer existiert zwar, deren Inhalt kann aber leider hier nicht mit einbezogen werden, da nur der Abstract verfügbar ist [Weinstein et al., 2013]. Zwei der positiv assoziierten Studien stellten nur bei ProbandInnen, welche keine ApoE4 Gen Träger waren, einen Zusammenhang fest. Bei jenen, die ApoE4 positiv waren, konnte keine

Assoziation beobachtet werden [Barberger-Gateau et al., 2007] [Huang TL et al., 2005] (Siehe Abb 3).

Abb. 3. Meta-Analyse von prospektiven epidemiologischen Studien, welche den Zusammenhang von Fisch- oder DHA-Aufnahme und Demenzerkrankungen beobachteten [Cunnane et al., 2009]:

Table 1

Prospective observational studies relating fish or dietary DHA consumption to risk of dementia or cognitive decline.

Study	N	Age (years)	Food or nutrient	Outcome	Results (multivariate models)
Rotterdam study (The Netherlands) [83]	5386	≥55	Fish Total fat SFA	All cause dementia AD VaD Mean follow-up 2.1 years	Protective association of fish consumption (at least 18.5 g/d) with all-cause dementia and AD Increased risk of vascular dementia with total fat and saturated fat
Rotterdam study (The Netherlands) [84]	5395	≥55	Total, SFA, trans fat, MUFA, total PUFA, total ω6 PUFA, total ω3 PUFA	All cause dementia AD VaD Mean follow-up 6.0 years	No association with any class of fatty acids
PAQUID (France) [85]	1416	≥68	Fish	All cause dementia AD 7 years of follow-up	Protective association of at least weekly fish consumption against all-cause dementia and AD
Chicago health and aging project (USA) [89]	815	65–94	Fish Total ω3 PUFA EPA, DHA	AD Mean follow-up 3.9 years	Protective association with fish consumption, total ω3 PUFA and DHA No association with EPA
Chicago health and aging project (USA) [90]	3718	≥65	Fish Total ω3 PUFA EPA, DHA	Cognitive decline over 6 years (global measure from 4 standardized tests)	At least weekly fish consumption associated with slower cognitive decline No association with ω3 PUFA, EPA or DHA
Cardiovascular health Cognition study [88]	2233	≥65	Fish	All cause dementia AD VaD	Protective association with nonfried fish for AD only in ApoE4 negative (N = 1570); NS when additionally adjusted for education and income No association in ApoE4 positive (N = 474)
Three city study (France) [86]	8085	≥65	Fish	All cause dementia AD	Fish associated with lower risk of all-cause dementia only in ApoE4 negative (N = 5944) No association in ApoE4 positive (N = 1479) No significant association with AD
Zutphen elderly study [178]	342	69–89	Fish	Cognitive decline over 3 years in MMSE score	Fish inversely but not significantly associated with cognitive decline
Zutphen elderly study [129]	210	70–89	Fish EPA + DHA	Cognitive decline over 5 years	Fish and EPA + DHA intake associated with less cognitive decline
Cardiovascular risk factors, aging and dementia study (Finland) [87]	1449	60–80	Fish PUFA SFA	Cognitive performance 21 years later MCI	SFA associated with poorer cognitive function and increased risk of MCI Higher intake of PUFA and fish associated with better performances
Framingham heart study [91]	488	76	Fish DHA	All-cause dementia AD Mean follow-up 9.1 years	No significant association
Atherosclerosis risk in communities study [179]	7814	50–65	Total ω3 and ω6 PUFA Long-chain ω3 and ω6 PUFA	Cognitive decline over 9 years	Higher long-chain ω3 PUFA and balanced ω6/ω3 ratio associated with lower risk of cognitive decline, especially for verbal fluency and among hypertensives

PAQUID: Personnes Agées QUID.
SFA: saturated fat.
MUFA: monounsaturated fat.
PUFA: polyunsaturated fat.
AD: Alzheimer disease.
MCI: mild cognitive impairment.

Eine aktuelle Publikation von Barberger-Gateau et al., 2013 wiederholt noch einmal die Assoziation zwischen Fischkonsum und einem verringerten Demenzrisiko, sowie eine Limitierung dieses positiven Effekts auf ApoE4-negative Personen. Leider ist diese nicht vollständig frei zugänglich.

Die Publikation von Morris, 2012 kam zu ähnlichen Ergebnissen, welche durch dieselben Studien gestützt werden wie die in Cunnane SC, et al., 2009. Ähnliche Resultate zeigt auch der Review von Denis et al., 2013, welcher allerdings keine Unterscheidung zwischen Fischkonsum und DHA Aufnahme macht.

Die signifikant positive Wirkung von Fisch zeigte sich in den oben genannten Studien schon bei geringen Mengen und zwar bei einer Fischmahlzeit pro Woche [Morris, 2012]. Eine andere Meta-Analyse wiederum spricht von regelmäßigem Konsum von ≥2x/Woche und einem damit reduzierten Risiko von 37% bis 43% [Loef und Walach, 2012].

Die Cardiovascular Heart Study beschreibt einen schützenden Effekt von ≥2x/Woche fetten Fisch (Tunfisch,...) aber nicht von magerem Fisch bei Personen ohne ApoE4 Allele [Huang et al., 2005].

Zu beachten ist, dass Konsumenten von Fisch sich oftmals von Menschen, die keinen Fisch konsumieren, unterscheiden und zwar in Faktoren wie Bildungsgrad, Einkommen und Lebensstil. Diese Faktoren können sich auch auf das Demenzrisiko auswirken [Barberger-Gateau et al., 2005]. Weiters wird Fisch selten alleine gegessen, sondern häufig in Kombination mit Beilagen, die der Mediterranen Ernährung entsprechen, welche auch mit einem geringeren Erkrankungsrisiko assoziiert sind [Scarmeas N et al., 2006]. Aufgrund dessen sind die Ergebnisse aus den oben genannten Studien kritisch zu betrachten.

Jedenfalls lässt sich festhalten, dass der Zusammenhang zwischen Fischkonsum und Demenzen um einiges eindeutiger ist als die Assoziation von Omega-3 Fettsäuren und Demenzen, was vermuten lässt, dass möglicherweise andere Inhaltsstoffe aus Fisch positive Effekte auf das Gedächtnis im Alter haben [Cunnane et al., 2009]. Fischprotein beispielsweise schützt möglicherweise vor Diabetes Typ 2; durch seinen Einfluss auf den Glukosemetabolismus führt es zu einer Steigerung der Insulinsensibilität [Tremblay et al., 2007]. Diabetes Typ 2 wiederum ist assoziiert mit einer 2 bis 3 fachen Steigerung des Risikos für Morbus Alzheimer und vaskuläre Demenz [Xu et al., 2009].

Weitere Mikronährstoffe in Fisch, die sich schützend auf das Gehirn auswirken können, sind Selen, Vitamin A und D, und Vitamin B12 [Cardoso et al., 2013]. Deren Mechanismen sind vielfältig und synergistisch miteinander verknüpft, sodass es naheliegt diesem Zusammenspiel den positiven Effekt von Fisch zuzuschreiben und nicht nur der DHA oder allgemeiner den Omega-3 Fettsäuren [Cunnane et al., 2009] [Loef und Walach, 2012].

Es zeigt sich deutliche, dass die Aufnahme von einem oder mehreren separierten Nährstoffen in Form von Supplementen nicht mithalten kann mit der Komplexität, die ein natürlich gewachsenes Nahrungsmittel bietet [Cunnane et al., 2009].

Die genauen Ursachen und die vielfältigen pathologischen Veränderungen im Rahmen von Demenzerkrankungen sind noch nicht vollständig geklärt, was die Suche nach Heilungsmechanismen stark erschwert [Cardoso et al., 2013].

3. 5.) Einfluss der Leber in der DHA Synthese

Menschen, so wie alle Säugetiere, benötigen DHA, welche entweder direkt durch Fisch aufgenommen oder in der Leber aus den Omega-3 Fettsäuren α-Linolensäure und Eicosapentaensäure (EPA) synthetisiert werden kann [Rapoport et al., 2007]. Der Synthesevorgang in der Leber besteht aus einer Kaskade an Elongasen (Enzyme, die Fettsauren verlängern) und Desaturasen (Enzyme, die Doppelbindungen einbauen), die im Endoplasmatischen Retikulum der Leberzellen lokalisiert sind. Durch diesen Vorgang wird aus EPA und α-Linolensäure die lange, ungesättigte Fettsäure Tetracosahexaenoic acid gebildet, welche in Peroxisomen transportiert und dort durch die Enzyme Acyl-Coenzym A Oxidasen, d-bifunctional protein und die Peroxisomale Thiolasen zur DHA umgebaut wird [Astarita und Piomelli, 2011]. Dargestellt ist dieser Vorgang in Abbildung 4.

Abb. 4. DHA Synthese der Leber [Astarita und Piomelli, 2011]:

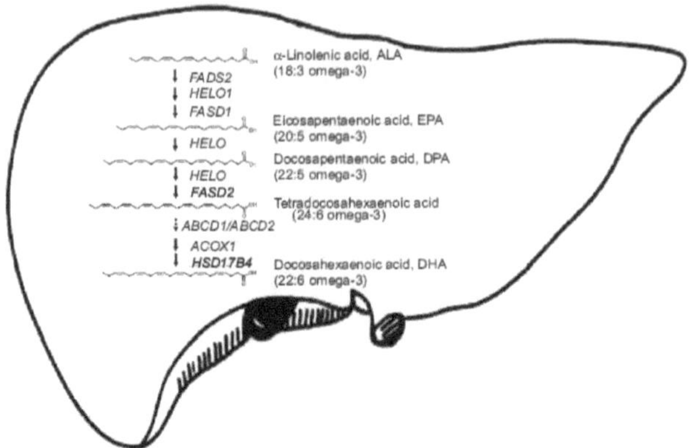

Fig. 3. Overview of DHA biosynthesis in liver. Liver transforms diet-derived α-linolenic acid (18:3 omega-3) into DHA (22:6 omega-3). In the endoplasmatic reticulum, the serial activities of Δ^6 and Δ^5 desaturases (encoded by the *FADS2* and *FADS1* genes, respectively) and elongases (such as that encoded by the *HELO1* gene) convert α-linolenic acid into tetracosahexaenoic acid (24:6 omega-3). Proteins encoded by the *ABCD1* or *ABCD2* genes transport tetracosahexaenoic acid into peroxisomes. The sequential action of acyl coenzyme-A oxidase (encoded by the *ACOX1* gene), D-bifunctional protein (encoded by the *HSD17B4* gene), and various peroxisomal thiolases (not shown) convert tetracosahexaenoic acid into DHA.

Die durchschnittliche Aufnahmen von α-Linolensäure beträgt 1400mg/Tag und es werden im Schnitt 0,5 bis 10% in DHA umgewandelt [Astarita und Piomelli, 2011] [Brenna, 2002] [Burdge und Wootton, 2002]. Die Leber ist in der Lage 7-140 mgDHA/Tag zu synthetisieren, was der 1,8- bis 36-fachen Menge entspricht, die das Gehirn benötigt [Umhau et al., 2009].
Diese Ergebnisse legen nahe, dass die intakte Synthese von DHA in der Leber für eine normale Gehirnfunktion ausreichend ist [Astarita und Piomelli, 2011].

Es bestehen nun Hinweise darauf, dass die Leber von Alzheimer-PatientInnen eine verringerte Kapazität besitzt, um die Omega-3 Fettsäuren α-Linolensäure und EPA in DHA umzuwandeln. Der Grund dafür ist ein Defizit des peroxisomalen d-bifunctional protein, welches zu einem chronisch verringerten DHA Level des Gehirns führt und so zur Entwicklung von kognitiver Beeinträchtigung beiträgt (siehe Abb. 5) [Astarita und Piomelli, 2011] [Astarita et al., 2010].

Abb. 5. Einfluss der Leber auf den DHA Spiegel des Gehirns [Astarita und Piomelli, 2011]:

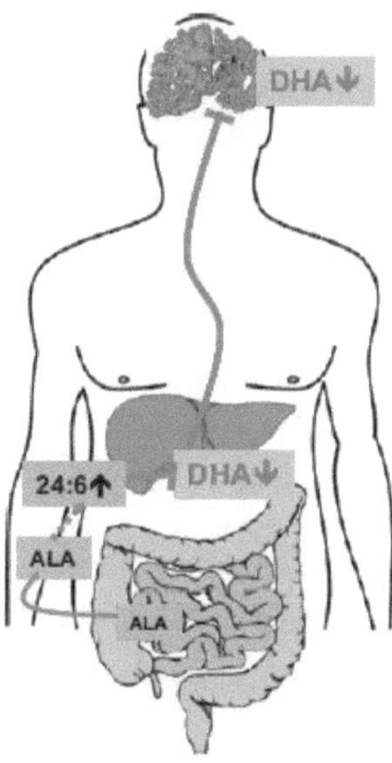

Fig. 4. Hepatic DHA biosynthesis is linked to cognition. Diet-derived ALA (α-linolenic acid, 18:3 omega-3) is absorbed by the intestine and delivered to the liver where it serves as precursor for DHA. A peroxisomal dysfunction impairs the conversion of tetracosahexaenoic acid (24:6 omega-3) into DHA in the livers of subjects with AD. This systemic deficiency in DHA possibly lessens the flux of this neuroprotective fatty acid to the brain leading to cognitive impairment.

Unterstützt wird diese Annahme durch die Ergebnisse aus Analysen von Lebergeweben von Alzheimer PatientInnen. Diese weisen verringerte Level von DHA und erhöhte Werte der Fettsäure Tetracosahexaenoic acid auf. Durch die Ernährung ist so eine Verschiebung des hepatischen Fettsäuremusters nicht herbeizuführen, darum wird angenommen, dass es sich um einen enzymatischen Defekt der DHA Synthese handelt [Astarita und Piomelli, 2011].

Weitere Untersuchungsergebnisse bestätigen die Hypothese: Die Expression des Genes, welche für das d-bifunctional protein (DBP) kodiert, ist bei Morbus Alzheimer erniedrigt. Zusätzlich akkumulieren zwei Substrate des DBP (Pristanic acid und Phytanic acid) im Lebergewebe von Erkrankten. Ungeklärt bleiben die pathologischen Veränderungen, durch die es zu einer verringerten Expression des DBP kommt, und ob noch weitere Störungen der Peroxisomen der Leber bei Alzheimer bestehen [Astarita und Piomelli, 2011] [Wood, 2012].

Eine Meta-Analyse von 10 Studien mit insgesamt 2280 ProbandInnen, deren Blutwerte untersucht wurden, kam zu Ergebnissen, welche teilweise die Theorie der verringerten DHA Synthese unterstützen. Es stellte sich heraus, dass die Werte von DHA, von EPA und von total ω-3 Fettsäuren im Blut bei Demenzen erniedrigt waren. Im Rahmen eines prädementiellen Syndroms wurde nur eine EPA Erniedrigung beobachtet. DHA und total ω-3 Fettsäuren waren nicht signifikant verändert. Die Meta-Analyse weist darauf hin, dass EPA ein möglicher Krankheitsmarker oder sogar ein Risikofaktor von Demenz sein kann [Lin et al., 2012].

Die Studie von Milte et al., 2011 stellte verringerte EPA Spiegel im Blut von ProbandInnen mit milder kognitiver Beeinträchtigung fest. Erhöht waren dafür ω-6 Fettsäuren wie die Arachidonsäure (AA) , sowie das Verhältnis AA/EPA. DHA und die gesamt ω-3 Fettsäuren waren nicht signifikant verändert. Der Spiegel der α-Linolensäure war nicht erhöht. Verglichen wurden alle Werte mit jenen einer gesunden Kontrollgruppe [Milte et al., 2011].

Untersuchungen der Strukturlipide des Gehirns bei Alzheimer ergaben wesentliche Verringerungen von Glycerophospholipiden und Sphingolipiden, sowie Veränderungen von Metaboliten dieser komplexen Strukturlipide, welche als Signalmoleküle fungieren. Eine peroxisomale Dysfunktion scheint unter anderem dafür verantwortlich zu sein [Wood, 2012].

Zusammenfassend kann man sagen, dass eine gesunde Leber für eine ausreichende Synthese von DHA notwendig ist [Astarita und Piomelli, 2011]. Doch die Datenlage bietet keine eindeutigen Ergebnisse, sodass kein klares Urteil darüber gefällt werden kann, inwieweit die eingeschränkte enzymatische Aktivität als Auslöser der Erkrankung gesehen werden kann.

Ein aktueller Review beschäftigt sich ausschließlich mit der Rolle von Peroxisomen und deren Enzyme, welche in Verbindung mit Morbus Alzheimer stehen könnten. Leider sind dessen Daten nicht vollständig frei zugänglich und können daher nicht mit einbezogen werden [Lizard et al., 2012].

4.) Diskussion

Nach näherer Betrachtung des Themas wird klar, dass die vorliegenden Daten nicht ausreichen, um gesicherte Empfehlungen zu stellen. Es bestehen einige Vermutungen, durch welche Mechanismen die Omega-3 Fettsäuren im Entwicklungsprozess von Demenzen wirken. Doch da die Ursachen und die genauen pathologischen Veränderungen der Erkrankung noch nicht vollständig geklärt sind, kann auch die Rolle der Fettsäuren nicht vollkommen aufgedeckt werden.
Es gibt kein tierisches Modell, welches alle pathologischen Kennzeichen der Krankheit Morbus Alzheimer darstellt [Wood, 2012]. Dies beschränkt die Forschung auf den menschlichen Organismus. Post mortem Analysen werden durchgeführt, doch die Anzahl der untersuchten Körper ist gering, was die Aussagekraft solcher Studien verringert [Astarita und Piomelli, 2011]. Lipidomische Analysen zeigen, dass sich die Krankheit nicht auf Nervengewebe beschränkt, sondern dass es notwendig ist, den Körper als Ganzes zu betrachten und auch die Rolle von anderen Organen mit einzubeziehen. Dass enzymatische Dysfunktionen des Lebergewebes eine Rolle spielen, beschäftigt mehrere Analysen. Nicht nur die Leber ist für die Docosahexaensynthese zuständig, auch die Nieren sind reich an Peroxisomen und leisten einen Beitrag zur Synthese, was Thema zukünftiger Untersuchungen sein könnte [Astarita und Piomelli, 2011].

Zahlreiche Studien weisen darauf hin, dass ein bis zwei Fischmahlzeiten pro Woche das Demenzrisiko senken können [Cunnane et al., 2009] [Denis et al., 2013] [Loef und Walach, 2012] [Huang et al., 2005], doch es handelt sich hierbei hauptsächlich um Daten von prospektiven epidemiologischen Studien, die weniger aussagekräftig sind als randomisierte Placebo-kontrollierte Studien. Epidemiologische Studien können auch durch andere Verhaltensweisen, die mit Fischkonsum assoziiert werden, im Zusammenhang stehen. Ob tatsächlich eine Kausalität vorliegt, lässt sich nicht gesichert sagen, denn diese könnte auch durch andere Einflüsse verursacht werden.

Meta-Analysen von randomisierten Placebo-kontrollierten Studien mit Omega-3 Fettsäure Supplementen liegen vor, doch die Ergebnisse sind nicht signifikant. Es kann derzeit nicht empfohlen werden, solche Nahrungsergänzungsmittel zur Demenzprävention einzunehmen. Die in der Arbeit diskutierten Studien zeigen allgemein eine gute Verträglichkeit der Präparate, mit vereinzelten auftretenden gastrointestinalen Problemen [Sydenham E et al., 2012]. Es wird vermutet, dass präventive Effekte erst nach längerer Einnahmedauer als die Interventionen bis jetzt dauerten, möglich sind. Bis jetzt bleiben das nur Vermutungen. Es ist natürlich auch möglich, dass die Wirkung dieser essentiellen Fettsäuren überschätzt wird. Hinter Tests von Supplementen steht oftmals die Intention, ein Produkt auf den Markt zu bringen. Die Aussicht auf Gewinn kann die Sicht auf Testergebnisse verfälschen. Die Studien zum Fischkonsum sind im Vergleich zu denen mit Supplementen eindeutiger, was die präventive Wirkung betrifft. Doch deren Studiendesigns sind nicht so aussagekräftig.

Bei der Empfehlung von gesteigertem Fischkonsum ist es auch notwendig, ökologisch Aspekte anzusprechen. Es ist nicht zu verleugnen, dass sich der gestiegene Fischbedarf negativ auf die Meere und somit auf Umwelt und Klima auswirken. In Bezug auf Fleischkonsum ist jedoch genau dasselbe festzustellen. Dieser ist zusätzlich auch im Verdacht, dass ω-3/ω-6 Verhältnis aus dem Gleichgewicht gebracht zu haben. Interessant wären Studien, welche sich mit dem Demenzrisiko unter Vegetariern bzw. Veganern beschäftigen, um zu untersuchen, ob es Unterschiede zu Nicht-Vegetariern und Nicht-Veganern gibt. So könnte man möglicherweise auch besser beurteilen, wie essentiell Fisch in Bezug auf die Demenzentstehung tatsächlich ist.

Diese Arbeit beschränkt sich zum größten Teil auf Studien aktuelleren Datums, was zur Folge hat, dass ältere Ergebnisse nicht miteinbezogen wurden. Somit liefert sie lediglich einen Überblick über aktuelle Ergebnisse, dieser erhebt keinen Anspruch auf Vollständigkeit.

5.) Zusammenfassung

Die Zahl der Demenzerkrankungen ist weltweit am Steigen und die genauen pathologischen Veränderungen im Körper sowie deren Ursachen sind noch nicht vollständig geklärt. Auf der Suche nach Maßnahmen zur Prävention der Krankheit durch Ernährung gibt es zahlreiche Untersuchungen, die sich mit der Rolle von essentiellen Fettsäuren, insbesondere den Omega-3 Fettsäuren, beschäftigen. Diese haben zahlreiche Wirkungen im Körper, z.B. unter anderem Veränderungen der Zusammensetzung von Zellmembranen und somit der Reizleitung von Nervenzellen, Einfluss in Entzündungsprozesse im Körper, Senkung der Triglyceride im Plasma.

Randomisierte placebokontrollierte Studien mit Omega-3 Supplementen beobachten keine eindeutigen schützenden Effekte vor Demenzerkrankungen. Im Vergleich dazu zeigen Kohortenstudien, die den Verzehr von Fisch aufzeichnen, protektive Effekte ab einem Verzehr von einer Fischmahlzeit pro Woche. Allerdings können diese positiven Ergebnisse aufgrund der Studiendesigns nicht vollständig auf den Fisch zurückgeführt werden. Denn Fisch wird oft in Kombination mit Nahrungsmitteln, die der Mediterranen Ernährung entsprechen, konsumiert. Dieser Umstand oder die Kombination mit weiteren Faktoren wie Bildungsgrad, körperliche Bewegung und anderen können für die Ergebnisse verantwortlich sein. Auch das Verhältnis von Omega-3/Omega-6 Fettsäuren ist von Bedeutung, da die beiden um dieselben Enzyme im Körper konkurrieren. Für den Erhalt der Gesundheit bis ins hohe Alter ist jedoch nicht eine einseitige Erhöhung, sondern eine richtige Balance zwischen den beiden Fettsäuren wichtig.

Die Lipidomik beschäftigt sich mit dem Stoffwechsel der Fettsäuren, deren Synthese und Umbauschritte im Körper. Sie betrachtet den gesamten Körper und liefert neue Erkenntnisse. Untersuchungen legen nahe, dass die Leber von Alzheimer-Patienten eine verringerte Kapazität besitzt, DHA aufzubauen. Der dadurch resultierende chronische Mangel an DHA könnte dafür verantwortlich sein, dass das Gehirn unterversorg ist und so für Morbus Alzheimer anfällig wird.

6.) Quellen

Astarita G, Jung K-M, Berchtold NC, Nguyen VQ, Gillen DL, Head E, Cotman CW, Piomelli D. Deficient Liver Biosynthesis of Docosahexaenoic Acid Correlates with Cognitive Impairment in Alzheimer's Disease. PLoS ONE. 2010; 5(9): e12538.

Astarita G, Piomelli D. Towards a whole-body systems [multi-organ] lipidomics in Alzheimer's disease. Prostaglandins, Leukotrienes and Essential Fatty Acids. 2011; 85(5):197-203.

Barberger-Gateau P, Jutand MA, Letenneur L, Larrieu S, Tavernier B, Berr C; 3C Study Group. Correlates of regular fish consumption in French elderly community dwellers: data from the Three-City study. European journal of clinical nutrition. 2005; 59: 817-25.

Barberger-Gateau P, Lambert JC, Féart C, Pérès K, Ritchie K, Dartigues JF, Alpérovitch A. From genetics to dietetics: the contribution of epidemiology to understanding Alzheimer's disease. Journal of Alzheimer's Disease. 2013; 33 Suppl 1:S457-63.

Barberger-Gateau P, Raffaitin C, Letenneur L, Berr C, Tzourio C, Dartigues JF, Alpérovitch A. Dietary patterns and risk of dementia: the Three-City cohort study. Neurology. 2007; 69:1921-30.

Bennett DA, Wilson RS, Schneider JA, Evans DA, Aggarwal NT, Arnold SE, Cochran EJ, Berry-Kravis E, Bienias JL. Apolipoprotein E epsilon 4 allele, AD pathology, and the clinical expression of Alzheimer's disease. Neurology. 2003; 60(2):246-52.

Brenna JT. Efficiency of conversion of alpha-linolenic acid to long chain n-3 fatty acids in man. Current opinion in clinical nutrition and metabolic care. 2002; 5(2):127-32.

Brooksbank BW, Martinez M. Lipid abnormalities in the brain in adult Down's synrome and Alzheimer's disease. Molecular and Chemical Neuropathol. 1989; 11(3):157-85.

Burdge GC, Wootton SA. Conversion of alpha-linolenic acid to eicosapentaenoic, docosapentaenoic and docosahexaenoic acids in young women. The british journal of nutrition. 2002; 88: 411-20.

Calder PC. Fatty acids and inflammation: the cutting edge between food and pharma. European journal of pharmacology. 2011; 668 Suppl 1:S50-8.

Cardoso BR, Cominetti C, Cozzolino SM. Importance and management of micronutrient deficiencies in patients with Alzheimer's disease. Clinical interventions in aging. 2013; 8:531-42.

Corsinovi L, Biasi F, Poli G, Leonarduzzi G, Isaia G. Dietary lipids and their oxidized products in Alzheimer's disease. Molecular Nutrition and Food Research. 2011; 55 Suppl 2:S161-72.

Cunnane SC, Plourde M, Pifferi F, Bégin M, Féart C, Barberger-Gateau P. Fish, docosahexaenoic acid and Alzheimer's disease. Progress in Lipid Research 48. 2009; 48(5):239-56.

Dangour AD, Andreeva VA, Sydenham E, Uauy R. Omega 3 fatty acids and cognitive health in older people. British Journal of Nutrition. 2012; 107 Suppl 2:S152-8.

Denis I, Potier B, Vancassel S, Heberden C, Lavialle M. Omega-3 fatty acids and the brain resistance to ageing and stress: Body of evidence and possible mechanisms. Ageing Research Reviews 12. 2013; Volume 12, Issue 2, 579–594

Drewnowski A, Popkin BM. The nutrition transition: new trends in the global diet. Nurtition Reviews. 1997; 55(2):31-43.

Dubois RN, Abramson SB, Crofford L, Gupta RA, Simon LS, Van De Putte LB, Lipsky PE. Cyclooxygenase in biology an disease. FASEB Journal. 1998; 12(12):1063-73.

Floyd RA, Hensley K. Oxidative stress in brain aging. Implications for therapeutics of neurodegenerative diseases. Neurobiology of aging. 2002; 23(5):795-807.

Frisardi V, Panza F, Seripa D, Farooqui T, Farooqui AA. Glycerophospholipids and glycerophospholipid-derived lipid mediators: a complex meshwork in Alzheimer's disease pathology. Progress in Lipid Research. 2011; 50(4):313-30.

Geleijnse JM, Giltay EJ, Kromhout D. Effects of n-3 fatty acids on cognitive decline: A randomized, double-bllind, placebo-controlled trial in stable myocardial infarction patients. Alzheimer's & Dementia 8. 2012; 8(4):278-87.

Huang TL, Zandi PP, Tucker KL, Fitzpatrick AL, Kuller LH, Fried LP, Burke GL, Carlson MC. Benefits of fatty fish on dementia risk are stronger for those without APOE epsilon4. Neurology. 2005; 65: 1409-14.

Igarashi M, Ma K, Gao F, Kim HW, Rapoport SI, Rao JS. Disturbed choline plasmalogen and phosholipid Fatty Acid concntrations in Alzheimer's disease prefrontal cortex. J Alzheimer's Dis. 2011; 24(3):507-17.

Kliem KE, Givens DI. Dairy products in the food chain: their impact on health. Annual Review Food Science and Technology. 2011; 2:21-36.

Lagarde M. Docosahexaenoic acid: Nutrient and precursor of bioactive lipids. European Journal of Lipid Science and Technology. 2008; Volume 110, Issue 8, 673–678.

Layé S. Polyunsaturated fatty acids, neuroinflammation and well being. Prostaglandins Leukotriens Essential Fatty Acids. 2010; 82(4-6):295-303.

Leaf A, Kang JX., Yong-Fu Xiao, Billman GE. Clinical Prevention of Sudden Cardiac Death by n-3 Polyunsaturated Fatty Acids and Mechanism of Prevention of Arrhythmias by n-3 Fish Oils. *Circulation*. 2003; 107(21):2646-52.

Lin PY, Chiu CC, Huang SY, Su KP. A meta-analytic review of polyunsaturated fatty acid compositions in dementia. Journal of Clinical Psychiatry. 2012; 73(9):1245-54.

Lizard G, Rouaud O, Demarquoy J, Cherkaoui-Malki M, Iuliano L. Potential roles of peroxisomes in Alzheimer's disease and in dementia of the Alzheimer's type. Journal of Alzheimer's Disease. 2012; 29(2):241-54.

Loef M, Walach H. Fatty acids and dementia: systematic review and meta-analyses. BMC Complementary and Alternative Medicine. 2012; 12: P 318.

Loef M, Walach H. The Omega-6/Omega-3 Ratio and Dementia or Cognitive Decline: A sysematic Review on Human Studies and Biological Evidence. Journal of Nutrition in Gerontology and Geriatrics. 2013; 32(1):1-23.

Löffler G, Petrides PE, Heinrich PC. Stoffwechsel von Phosphoglycerin, Sphingolipide und Cholesterin. Biochemie und Pathobiochemie. Springer Medizin Verlag. Heidelberg. 2007. 553-583

Luchtman DW, Song C. Cognitive enhancement by omega-3 fatty acids from childhood to old age: findings from animal and clinical studies. Neuropharmacology. 2013; 64:550-65.

Mazereeuw G, Lanctot KL, Chau SA, Swardfager W, Hermann N. Effects of omega-3 fatty acids on cognitive performance: a meta analysis. Neurobiology of Aging 33. 2012; 33(7):1482.e17-29.

Meyer BJ, Mann NJ, Lewis JL, Milligan GC, Sinclair AJ, Howe PR. Dietary intakes and food sources of omega-6 and omega-3 polyunsaturated fatty acids. Lipids. 2003; 38(4):391-8.

Milte CM, Sinn N, Street SJ, Buckley JD, Coates AM, Howe PR. Erythrocyte polyunsaturated fatty acid status, memory, cognition and mood in older adults with mild cognitive impairment and healthy controls. Prostaglandins Leukotriens and Essential Fatty Acids. 2011; 84(5-6):153-61.

Morris MC. Symposium 1: Vitamins and cognitive development and performance. Nutritional determinants of cognitive aging and dementia. Proceedings of the Nutrition Society. 2012; 71: 1–13.

Papazafiropoulou AK, Kardara MS, Pappas SI. Pleiotropic effects of omega-3 fatty acids. Recent Patents on Endocrin Metabolic and Immune Drug Discovery. 2012; 6(1):40-6.

Rapoport S, Rao JS, Igarashi M. Brain metabolism of nutritionally essential polyunsaturated fatty acids depends on both the diet and the liver. Prostaglandins, Leukotrienes and Essential Fatty Acids. 2007; 77(5-6):251-61.

Reitz C, Brayne C, Mayeux R. Epidemiology of Alzheimer disease. Nature Reviews. Neurology. 2011; 7(3):137-52.

Sanders TA. Polyunsaturated fatty acids in the food chain in Europe. American Journal of Clinical Nutrition. 2000; 71(1 Suppl):176S-8S.

Scarmeas N, Stern Y, Tang MX, Mayeux R, Luchsinger JA. Mediterranean diet and risk for Alzheimer's disease. Annals of neurology. 2006; 59: 912-21.

Schaefer EJ, Bongard V, Beiser AS, Lamon-Fava, Robins SJ, Au R, Tucker KL, Kyle DJ, Wilson PW, Wolf PA. Plasma phosphatidylcholine docosahexaenoic acid content and risk of dementia and Alzheimer disease: the Framingham Heart Study. Arcives of Neurology. 2006; 63:1545-50.

Schmitz G, Ecker J. The opposing effect of n-3 and n-6 fatty acids. Progress in Lipid Research. 2008; 47(2):147-55.

Siegel G, Ermilov E. Omega-3 fatty acids: benefits for cardio-cerebro-vascular diseases. Atherosclerosis. 2012; 225(2):291-5.

Stough C, Downey L, Silber B, Lloyd J, Kure C, Wesnes K, Camfield D. The effects of 90-days supplemention with Omega-3 essential fatty acid docosahexaenoic acid (DHA) on cognitive function and visual acuity in a healthy aging population. Neurobiology of Aging 33. 2012 ; 33(4):824.e1-3.

Sukhanov AV. Polyunsaturated fatty acids in the prevention of Alzheimer's disease: A literature review. Advances in Gerontology. 2012, Volume 2, Issue 4, pp 340-344.

Sydenham E, Dangour AD, Lim WS. Omega 3 fatty acid for prevention of cognitive decline and dementia. The Cochrane Collaboration. 2012; 6:CD005379.

Thews G, Mutschler E, Vaupel P. Nervensystem. Anatomie Physiologie Pathophysiologie des Menschen. Wissenschaftliche Verlagsgesellschaft mbH Stuttgart, 1999, 605-699

Thies F, Garry JMC, Yaqoob P, Rerkasem K, Williams J, Shearman CP, Gallagher PJ, Calder PC, Grimble RF. Association of n-3 polyunsaturated fatty acids with stability of atherosclerotic plaques: a randomised controlled trial. *THE LANCET* 2003; 361(9356):477-85.

Tremblay F, Lavigne C, Jacques H, Marette A. Role of dietary proteins and amino acids in the pathogenesis of insulin resistance. Annual review of nutrition. 2007; 27: 293-310.

Uauy R, Dangour AD. Nutrition in Brain Development and Aging: Role of Essential Fatty *Acids*. Nutrition Reviews. 2006; 64(5 Pt 2):S24-33.

Umhau JC, Zhou W, Carson RE, Rapoport SI, Polozova A, Demar J, Hussein N, Bhattacharjee AK, Ma K, Esposito G, Majchrzak S, Herscovitch P, Eckelman WC, Kurdziel KA, Salem N Jr. Imaging incorporation of circulating docosahexaenoic acid into the human brain using positron emission tomography. Journal of lipid research. 2009; 50(7):1259-68.

van de Rest O, van Hooijdonk LW, Doets E, Schiepers OJ, Eilander A, de Groot LC. B vitamins and n-3 fatty acids for brain development and function: review of human studies. Annals of Nutrition and Metabolism. 2012; 60(4):272-92.

Weinstein G, Wolf PA, Beiser AS, Au R, Seshadri S. Risk estimations, risk factors, and genetic variants associated with Alzheimer's disease in selected publications from the Framingham Heart Study. Journal of Alzheimer's Disease. 2013; 33 Suppl 1:S439-45.

WHO Statistics. Internet: http://www.who.int/mediacentre/factsheets/fs362/en/ (Stand: 20.8.2013)

Wood PL. Lipidomics of Alzheimer's disease: current status. Alzheimer's research & therapy. 2012; 4:5

Xu W, Qiu C, Gatz M, Pedersen NL, Johansson B, Fratiglioni L. Mid- and late-life diabetes in relation to the risk of dementia: a population-based twin study. Diabetes. 2009; 58:71-7.

Yaffe K. Metabolic syndrome and cognitive disorders: is the sum greater than its parts? Alzheimer disease and associated disorders. 2007; 21(2):167-71.